ISBN 978-3-662-24144-8   ISBN 978-3-662-26256-6 (eBook)
DOI 10.1007/978-3-662-26256-6

Die in den Sitzungsberichten Abtlg. I und Abtlg. II a der math.-nat. Klasse der Österr. Ak. d. Wiss. erscheinenden Abhandlungen werden auch einzeln abgegeben. Sie können durch jede Buchhandlung oder direkt durch die Auslieferungsstelle der Österreichischen Akademie der Wissenschaften (Wien I, Singerstraße 12) bezogen werden.

Nachfolgende Abhandlungen aus dem Fache der **Paläontologie** sind erschienen:

1949 (S I Bd. 158):

Bachmayer F.: Zwei neue Asseln aus dem Oberjurakalk von Ernstbrunn, Niederösterreich (mit 1 Tafel und 7 Textabbildungen), 7 Seiten. S 7.—

Berger W.: Lebensspuren schmarotzender Insekten an jungtertiären Laubblättern (mit 2 Abbildungen und 1 Tafel), 3 Seiten. S 9.20

Papp A.: Bemerkungen über eine Molluskenfauna aus Karaman in Cilicien, 3 Seiten. S 2.40

Papp A.: Über Lebensspuren aus dem Jungtertiär des Wiener Beckens, 4 Seiten. S 1.40

Papp A. und Thenius E.: Über die Grundlagen der Gliederung des Jungtertiärs und Quartärs in Niederösterreich unter besonderer Berücksichtigung der Mio-Pliozän- und Tertiär-Quartär-Grenze (mit 1 Beilage), 24 Seiten. S 15.80

Tauber A. P.: Über Resorptionsdefekte am Gebiß beim Zahnwechsel rezenter und fossiler Wirbeltiere (mit 6 Textabbildungen), 15 Seiten. S 8.40

Thenius E.: Über Gebißanomalien und pathologische Erscheinungen bei fossilen Säugetieren (mit 4 Textabbildungen), 15 Seiten. S 11.60

Thenius E.: Der erste Nachweis einer fossilen Blindmaus (Spalax hungaricus Nehr) in Österreich (mit 1 Textabbildung), 11 Seiten. S 7.40

Thenius E.: Die Lutrinen des steirischen Tertiärs. Beiträge zur Kenntnis der Säugetierreste des steirischen Tertiärs, I. (mit 4 Textabbildungen), 22 Seiten. S 15.—

Thenius E.: Über die systematische und phylogenetische Stellung der Genera Promeles und Semantor, 13 Seiten. S 9.60

Thenius E.: Über die Gehörregion von Indarctos (Ursidae, Mamm.) (mit 2 Textabbildungen), 6 Seiten. S 4.—

Thenius E.: Zur Revision der Insektivoren des steirischen Tertiärs. Beiträge zur Kenntnis der Säugetierreste des steirischen Tertiärs, II. (mit 5 Abbildungen und 5 Tabellen), 22 Seiten. S 15.60

Thenius E.: Die Carnivoren von Göriach (Steiermark). Beiträge zur Kenntnis der Säugetierreste des steirischen Tertiärs, IV. (mit 15 Abbildungen), 67 Seiten. S 31.60

Thenius E.: Martes gamlitzensis H. v. Meyer. Beiträge zur Kenntnis der Säugetierreste des steirischen Tertiärs, III., 4 Seiten. S 4.—

Thenius E.: Zur Herkunft der Simocyniden (Canidae, Mammalia). Eine phylogenetische Studie (mit 2 Textabbildungen), 11 Seiten. S 7.—

1950 (S I Bd. 159):

Berger Walter: Pflanzenreste aus dem Wienerwaldflysch (mit 2 Tafeln), 13 Seiten. S 13.60

Berger Walter: Ein paläobotanischer Beitrag zur Deutung des Pannons im Wiener Becken (mit 1 Karte), 9 Seiten. S 6.60

Berger Walter: Die Pflanzenreste aus den unterpliozänen Congerienschichten von Brunn-Vösendorf b. Wien (vorläufiger Bericht), 12 Seiten. S 8.80

Schouppé Alexander: Kritische Betrachtungen zu den Rugosen-Genera des Formenkreises Tryplasma Lonsd.-Polyorophe Lindstr., 10 Seiten. S 7.20

Tauber A. F.: Sphaeoma bachmayeri nov. sp. eine Schwimmassel aus dem Torton des Wiener Beckens (mit 2 Textabbildungen), 7 Seiten. S 5.40

Thenius E.: Postpotamochoerus nov. subgen. hyotherioides aus dem Unterpliozän von Samos (Griechenland) und die Herkunft der Potamochoeren (mit 2 Textabbildungen), 11 Seiten. S 8.—

Thenius E.: Die tertiären Lagomeryciden und Cerviden der Steiermark. Beiträge zur Kenntnis der Säugetierreste des steirischen Tertiärs, V. (mit 10 Textabbildungen), 35 Seiten. S 26.40

Weinfurter E.: Die oberpannonische Fischfauna vom Eichkogel bei Mödling (mit 2 Tafeln), 13 Seiten. S 13.—

Zapfe H.: Die Fauna der miozänen Spaltenfüllung von Neudorf an der March (ČSR): Chiroptera (mit 9 Textabbildungen), 32 Seiten. S 13.40

Zapfe H.: Die Fauna der miozänen Spaltenfüllung von Neudorf an der March (ČSR): Carnivora (mit 17 Textabbildungen), 31 Seiten. S 27.—

1951 (S I Bd. 160):

Bachmayer F. und Papp A.: (Wien) Lebensspuren aus dem französischen Jura und dem Schlier Österreichs (mit 3 Tafeln), 7 Seiten. S 4.80

Berger W.: Pflanzenreste aus dem Tortonischen Tegel von Theben-Neudorf bei Preßburg (mit 12 Textabbildungen), 5 Seiten. S 2.80

Die fossilen Asseln aus den Oberjuraschichten von Ernstbrunn in Niederösterreich und von Stramberg in Mähren

Von Friedrich Bachmayer, Wien

(Naturhistorisches Museum)

(Vorgelegt in der Sitzung am 5. Mai 1955)

Mit 9 Textabbildungen und 6 Tafeln

Inhalt.

	Seite
I. Vorbemerkungen	255
II. Fossilisation	257
III. Beschreibung der einzelnen Arten	257
1. *Protosphaeroma ernstbrunnense* Bachmayer	258
2. *Protosphaeroma jurense* Bachmayer	258
3. *Protosphaeroma strambergense* (Remeš)	259
4. *Protosphaeroma straeleni* nov. spec.	259
5. *Protosphaeroma strouhali* nov. spec.	260
6. *Cyclosphaeroma uhligi* (Remeš)	263
7. *Cyclosphaeroma remesi* nov. spec.	268
8. *Cyclosphaeroma kettneri* nov. spec.	269
Cyclosphaeroma spec. ind.	269
Familie: *Bopyridae*	271
IV. Bionomische und stammesgeschichtliche Bemerkungen	271
V. Zusammenfassung	272
Literaturverzeichnis	273

I. Vorbemerkungen.

Derzeit bin ich mit einer eingehenden Bearbeitung der oberjurassischen Riffkalkfauna von Ernstbrunn beschäftigt. Diese Tierwelt erweist sich als sehr formenreich; zahlreiche neue Arten sind bereits zum Vorschein gekommen. Eine ausführliche Publikation darüber wird in nächster Zeit erfolgen. Bei den Aufsammlungen, welche ich gemeinsam mit Herrn K. Oroszy vornahm, wurde den Crustaceen besondere Aufmerksamkeit zugewendet. In letzter Zeit fanden sich gewisse Panzerfragmente, welche bei eingehender

Prüfung ihre Isopodennatur erwiesen. Es handelte sich um Teile sowohl von Thoracalsegmenten, solchen des Kopfes und von Schwanzschildern. Die Reste waren mit keiner der beiden aus Ernstbrunn bereits beschriebenen Asselarten in Einklang zu bringen; jedoch gelang es mit Hilfe des im Naturhistorischen Museum aufbewahrten Isopodenmaterials von Stramberg, das bisher in den Sammlungen völlig unbeachtet geblieben war, eine systematische Bestimmung zu erzielen. Denn mit Sicherheit gehören die Segmente und das Cephalon, mit Wahrscheinlichkeit auch die Pleotelsonstücke zu *Cyclosphaeroma uhligi* (Remeš). Von dieser Spezies war bisher kein Pleotelson bekannt geworden. Es zeigte sich weiters, daß das erwähnte Ernstbrunner Isopodenmaterial geeignet ist, unsere Kenntnisse betreffend die Isopoden des Oberjura ansehnlich zu erweitern. So gelang es meinem Mitarbeiter unter anderem, zwei weitere kleine Cephalonreste zu finden, an welchen auch die Augen mit ihren Facetten deutlich zu sehen sind. Diese Reste gehören zwei neuen Arten an.

Die Isopoden aus dem „grauen" Kalkstein von Stramberg wurden von M. Remeš (1903 und 1906) beschrieben, jene aus dem weißen Riffkalk von Ernstbrunn (Waschbergzone) von mir selbst (1949).

Nun will ich im folgenden unsere Kenntnisse durch einige Neubeschreibungen und sonstige Ausführungen ergänzen.

Es ist mir eine angenehme Pflicht, der Österreichischen Akademie der Wissenschaften für die Gewährung einer Subvention den geziemenden Dank auszusprechen; ferner bin ich folgenden Herren besonders verpflichtet: Univ.-Prof. Dr. H. Strouhal (Wien, Naturhistorisches Museum) für die Förderung, die der Genannte

---

Erklärung zu nebenstehender Tafel 1.

Fig. 1. *Protosphaeroma ernstbrunnense* Bachmayer (Holotypus). Cephalon mit randständigen und gewölbten Facettenaugen. (Facetten sind deutlich zu erkennen.) Großer Steinbruch, Werk II, bei Ernstbrunn. 20 ×.

Fig. 2. *Protosphaeroma ernstbrunnense* Bachmayer. Pleotelson mit einem erhaltenen Uropoden. Ansicht von der Seite. Großer Steinbruch, Werk II, bei Ernstbrunn. 15 ×.

Fig. 3. *Protosphaeroma jurense* Bachmayer (Holotypus). Vollständiges Cephalon mit randständigen Augen. Großer Steinbruch, Werk II, bei Ernstbrunn. 12 ×.

Fig. 4. *Protosphaeroma strouhali* nov. spec. (Holotypus). Cephalon mit randständigen Augen. Steinbruch, Werk II, bei Ernstbrunn. Sammlung K. Oroszy, Nr. 829. Ungefähr 10 ×.

Tafel 1.

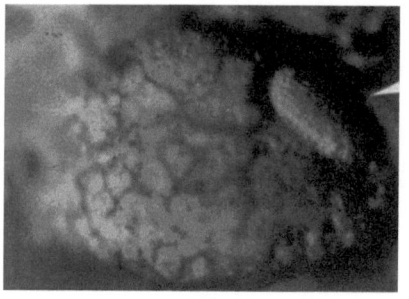

Fig. 1

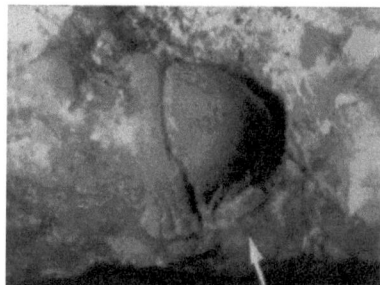

Fig. 2

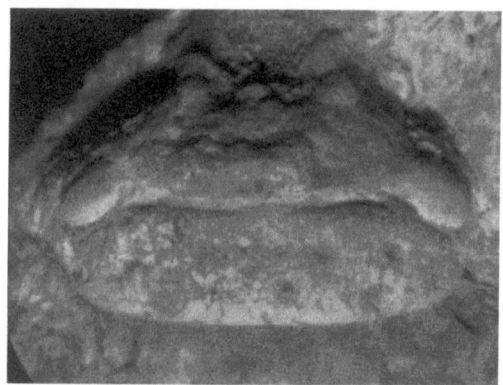

Fig. 3

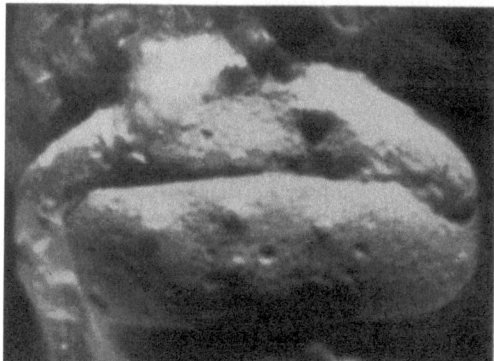

Fig. 4

Erklärung zu nebenstehender Tafel 2.

Fig. 5. *Protosphaeroma strambergense* (Remeš). Steinbruch Kotouč bei Stramberg. (Remeš 1909, Taf. 8, Fig. 6). Langgestrecktes, vollständiges Exemplar. 9 ×.

Fig. 6. *Protosphaeroma straeleni* nov. spec. (Holotypus). Cephalon mit den beiden randständigen Augen. Steinbruch, Werk II, bei Ernstbrunn, Sammlung K. Oroszy, Nr. 2099. 10 ×.

Fig. 7. *Cyclosphaeroma uhligi* (Remeš) — linkes Auge. 6 ×. Der breite Teil des Auges befindet sich mehr gegen die Mitte des Cephalons, während der schmale Teil an der Seite des Cephalons etwas nach rückwärts zieht. An dieser Abbildung sind Umrißform und die einzelnen Facetten des Auges gut zu erkennen.

Fig. 8. *Cyclosphaeroma uhligi* (Remeš). Ausschnitt des Auges von Fig. 7 in stärkerer Vergrößerung. 18 ×. Alle Einzelheiten der Facettenanordnung sind hier deutlich zu sehen. Die Aufnahmen Fig. 7 und 8 stammen von einem Cephalon-Exemplar aus den Stramberger Schichten des Steinbruches Kotouč.

Tafel 2.

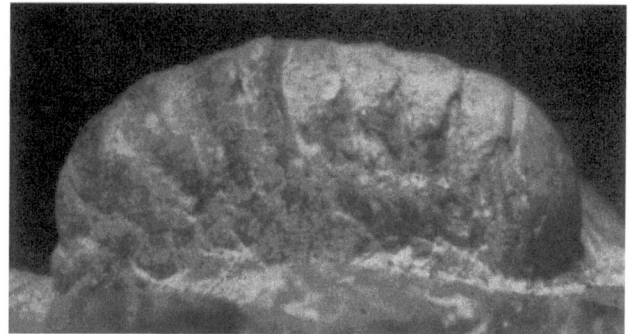

Fig. 5

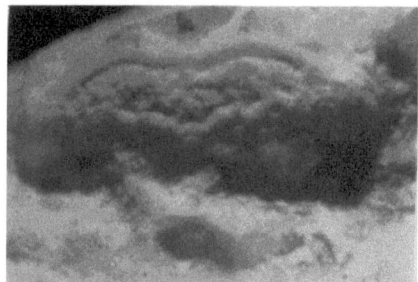

Fig. 6

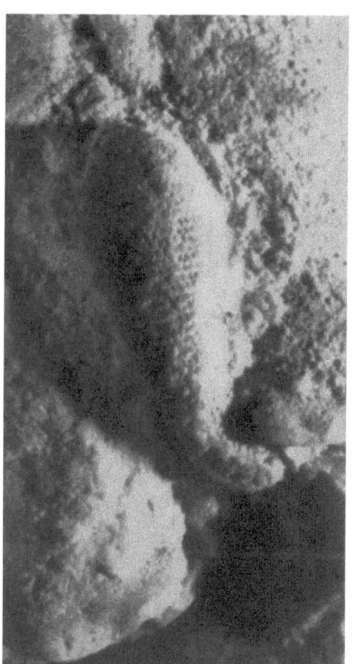

Fig. 7

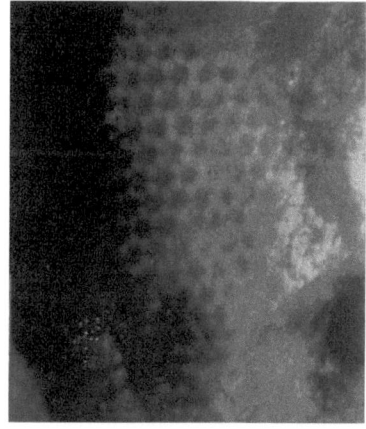

Fig. 8

Erklärung zu nebenstehender Tafel 3.

Fig. 9. *Cyclosphaeroma uhligi* (Remeš). Cephalon mit erhaltener Schale. Vorderende auf dem Bild nach oben orientiert. Die beiden Augenwülste und besonders das rechte Auge sind deutlich erkennbar. (Remeš 1909, Taf. 8, Fig. 4.) Steinbruch von Kotouč in Mähren — Stramberger Kalk.

Fig. 10. *Cyclosphaeroma uhligi* (Remeš). Cephalon mit Schalenerhaltung, juvenil. 20 ×. (Orientiert wie bei Fig. 9.) Aus dem Ernstbrunner Kalk des Steinbruches, Werk II, bei Ernstbrunn.

Tafel 3.

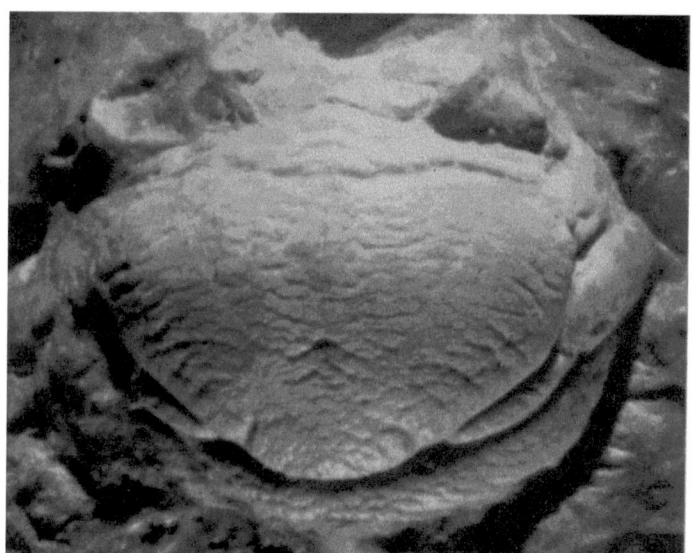

Fig. 9

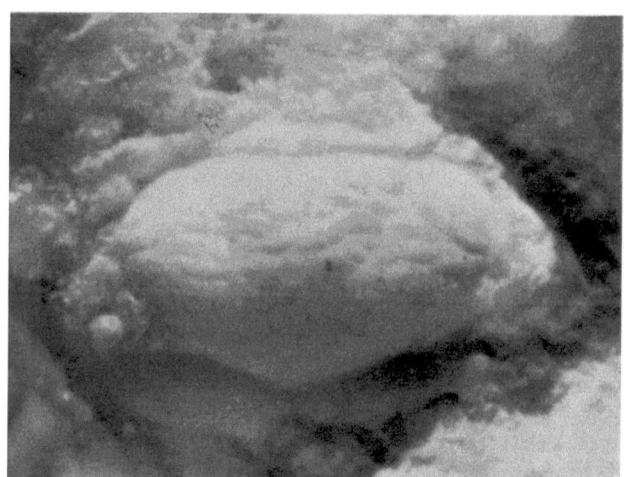

Fig. 10

Erklärung zu nebenstehender Tafel 4.

Fig. 11. *Cyclosphaeroma remesi* nov. spec. (Holotypus). **Cephalon** — Steinkern mit stark ausgeprägten „W"-förmigen Furchen. (Orientiert wie bei Fig. 9.) Ungefähr 2 ×. (R e m e š 1909, Taf. 8, Fig. 5.) Steinbruch von Kotouč in Mähren; Stramberger Schichten.

Fig. 12. *Cyclosphaeroma kettneri* nov. spec. (Holotypus). **Cephalon** — Schalenexemplar. Die Oberfläche ist mit groben Höckern besetzt. (Orientiert wie bei Fig. 9.) 4 ×. (R e m e š 1909, Taf. 8, Fig. 2.) Steinbruch von Kotouč in Mähren; Stramberger Schichten.

Tafel 4.

Fig. 11

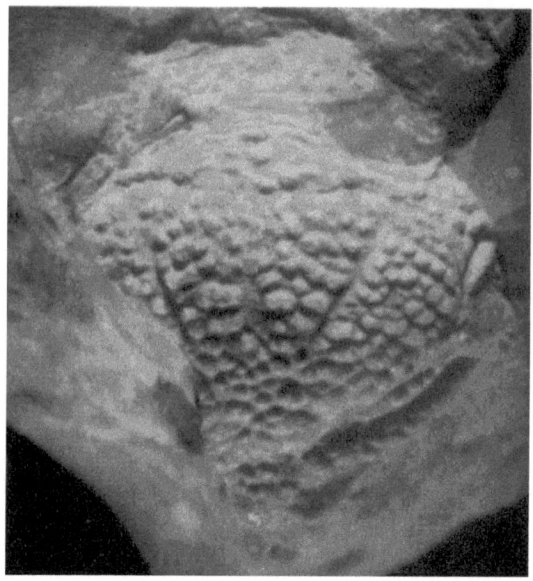

Fig. 12

Erklärung zu nebenstehender Tafel 5.

Fig. 13. *Cyclosphaeroma uhligi* (Remeš). Gut erhaltener Teil des Abdomens vom 4. Thoracalsegment bis zur Telsonspitze — Schalenexemplar. Stramberger Schichten von Skalička. 2×.

Fig. 14. *Cyclosphaeroma uhligi* (Remeš). Thoracalsegment (Schalenerhaltung) aus dem Ernstbrunner Kalk des Steinbruches, Werk II, bei Ernstbrunn. (Sammlung K. Oroszy, Nr. 330.) 4×.

Tafel 5.

Fig 13

Fig 14

Erklärung zu nebenstehender Tafel 6.

Fig. 15. Pleotelson von *Cyclosphaeroma* spec. ind. Schalenerhaltung. Ernstbrunner Kalk, Steinbruch, Werk II, bei Ernstbrunn. (Sammlung K. O r o s z y, Nr. 3300.) 8 ×.

Fig. 16. Pleotelson von *Cyclosphaeroma uhligi* (Remeš) mit teilweise erhaltener Schale. Ernstbrunner Kalk, Steinbruch, Werk II, bei Ernstbrunn. (Sammlung K. O r o s z y, Nr. 790.) 7 ×.

Tafel 6.

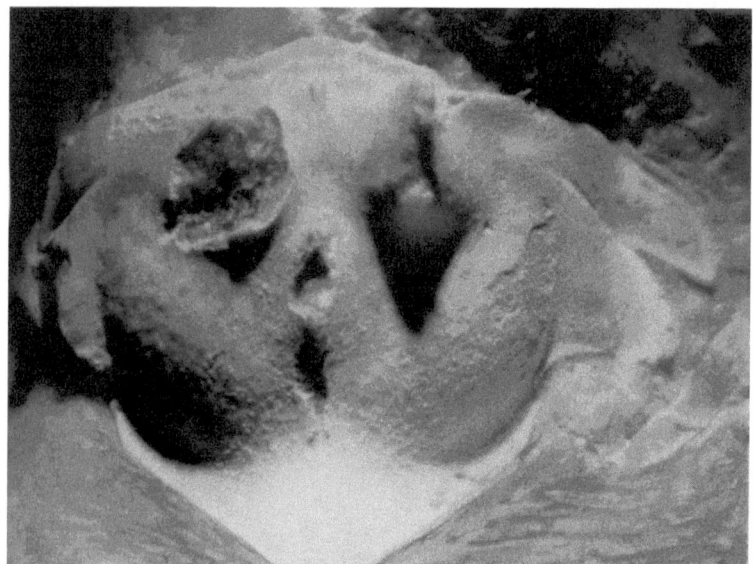

Fig. 15

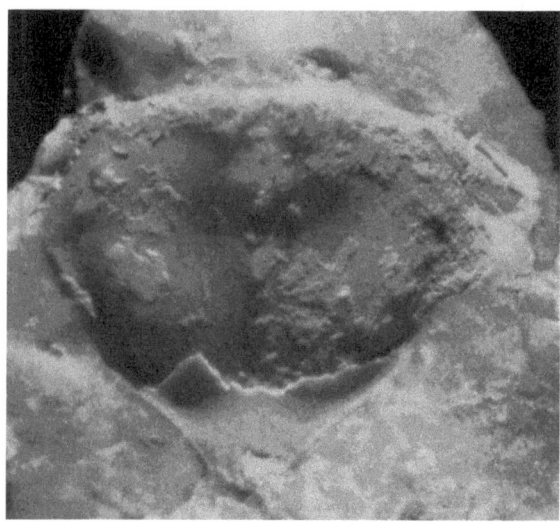

Fig. 16

stets meinen Untersuchungen widmete; Univ.-Prof. Dr. R. Kettner (Geologisches Institut der Karls-Universität zu Prag), der so entgegenkommend war, mir wichtiges Originalmaterial von M. Remeš für Vergleichszwecke zur Verfügung zu stellen; ferner Dr. M. Remeš selbst, dessen Auskünfte zur Auffindung seiner Originale führten.

Leider war es trotz der Bemühungen von Herrn Dr. Vl. Stradal nicht gelungen, den Holotypus von *Palaeosphaeroma uhligi* Remeš (1903, Abb. 1—3 auf Seite 43, Fig. 2 a—e auf Tafel 22), welcher sich nach Angaben der Literatur im Archäologisch-technologischen Museum zu Prossnitz in Mähren befinden soll, aufzufinden. Doch enthalten die Sammlungen des Naturhistorischen Museums in Wien von diesem Objekt einen Gipsabguß, der immerhin eine wertvolle Ergänzung zu den trefflichen Abbildungen von Remeš darstellt.

II. Fossilisation.

Bei den fossilen Isopoden der Stramberger und Ernstbrunner Schichten ist die Schale meistens mit allen Feinheiten der Oberflächenskulptur erhalten. Manchmal allerdings kann der gewöhnlich so gut erhaltene kalkig-weiße Krebspanzer kreidig zerfallen. Und nicht selten kommt es vor, daß bei der Freilegung der Schale ein Teil abspringt, wodurch der Steinkern zum Vorschein kommt. Am Steinkern finden sich Furchen, Warzen und Höcker besonders gut ausgeprägt.

Bemerkenswert ist es, daß vorwiegend Pleotelsonreste zu finden sind, während Segmente des Mittelleibes und Reste des Cephalons nur selten vorkommen. Dies ist wahrscheinlich auf die verschiedene Eignung der einzelnen Körperpartien zur Fossilisation zurückzuführen, denn das Schwanzschild ist viel robuster als die anderen Teile.

III. Beschreibung der einzelnen Arten.

Familie: **Sphaeromidae.**
Unterfamilie: Sphaerominae.
Gattung: *Protosphaeroma* Bachmayer.
Bachmayer, Fr., 1949, p. 264.
Typus: *Protosphaeroma ernstbrunnense* Bachmayer.

Die Segmente des Abdomenvorderteils sind nur in der Mitte miteinander verschmolzen, seitlich aber frei. Die Segmentgrenzen laufen quer zum Außenrand (bei *Sphaeroma* biegen die Segmentgrenzen nach hinten ab).

1. *Protosphaeroma ernstbrunnense* Bachmayer.

(Taf. 1, Fig. 1 u. 2, Textabb. 1.)

Bachmayer, Fr., 1949, p. 264, fig. 1, 8 und 4, Textfig. 1, 2, 8, 5 und 7.

Material: 1 Cephalonexemplar und 41 Abdomen- bzw. Pleotelsonreste.

Beschreibung: Cephalon mit großen, randständigen und gewölbten Augen. Abdomen stark gewölbt. Pleotelson breit und kurz, mit einem Kranz von kleinen Höckerchen besetzt, sonst glatt. Hinterrand eingebuchtet. Uropoden kurz und plump.

Nach der geringen Größe und der starken Wölbung zu schließen, dürften der Cephalonrest und die 41 Abdominal- bzw. Pleotelsonreste einer und derselben Art angehören.

Abmessungen: Cephalon: Länge = 1,0 mm, größte Breite = 2,6 mm. Auge: Größte Länge = 0,8 mm, größte Breite = 0,4 mm, Augendistanz = 1,2 mm. Länge des ersten Mittelleibsegmentes = 1,0 mm. Pleotelson: Länge von 1,0 mm bis 5,2 mm; größte Breite von 1,0 mm bis 7,0 mm.

Aufbewahrung des Holotypus: Sammlung Karl Oroszy, Wien, Nr. 10.163.

Vorkommen: Im Oberjurakalk (Ernstbrunner Kalk) des großen Steinbruches, Werk II, bei Ernstbrunn; nicht selten. Weiters im Steinbruch: 5 bei Dörfles (Ernstbrunn); selten.

2. *Protosphaeroma jurense* Bachmayer.

(Taf. 1, Fig. 3, Textabb. 2 u. 2 a.)

Bachmayer, Fr., 1949, p. 268, fig. 2, Textfig. 4 und 6.

Material: 2 Cephalonreste mit erstem Mittelleibsegment und ein Abdruck.

Cephalon länger und breiter, mit kleinen Augen. Diese Art unterscheidet sich von *Protosphaeroma ernstbrunnense* durch einen größeren Augenabstand und durch die Stellung der Augen. Das erste Mittelleibsegment hat eine runzelige und grubige Oberfläche und ist nicht wesentlich gewölbt.

Abmessungen: Cephalon: Länge = 1,8 mm, größte Breite = 5,0 mm. Auge: Größte Länge = 0,7 mm, größte Breite = 0,45 mm, Augendistanz = 2,8 mm. Länge des ersten Mittelleibsegmentes = 1,0 mm.

Aufbewahrung des Holotypus: Sammlung Karl Oroszy, Wien, Nr. 10.180.

Vorkommen: Im Oberjurakalk (Ernstbrunner Kalk) des großen Steinbruches, Werk II, und im Steinbruch: 1 von Dörfles bei Ernstbrunn; selten.

3. *Protosphaeroma strambergense* (Remeš).
(Tafel 2, Fig. 5.)

Sphaeroma strambergense Remeš 1903, p. 220, fig. 1 a bis f auf Tab. 22; 1909, p. 180, fig. 6 a bis c auf Tab. 8; van Straelen 1928, p. 41; 1931, p. 54. — *Protosphaeroma strambergense* (Remeš) Bachmayer 1949, p. 269.

Material: Drei Exemplare sind aus den Stramberger Schichten (Steinbruch Kotouč) bekannt, davon zwei fast vollständige (ein eingerolltes und ein langgestrecktes Exemplar). Beide Stücke sind bei Remeš 1903, Tab. 22, Fig. 1 a bis f, und 1909, Tab. 8, Fig. 6 a bis c, abgebildet; letzteres Exemplar hatte mir zur Untersuchung vorgelegen; es befindet sich in den Sammlungen des Geologischen Institutes der Karls-Universität in Prag. Ein weiteres eingerolltes Exemplar konnte ich aus einer Gesteinsprobe (Stramberger Kalk) herauspräparieren; das Stück liegt im Naturhistorischen Museum in Wien (Geol.-paläontol. Abteilung, Coll. Bachmayer).

Cephalon klein und mit einem dreiseitigen Feld, dessen spitzer Winkel nach vorne gerichtet ist. Der Abstand der Augen ist verhältnismäßig groß, während die Augen selbst klein sind. Die Segmente sind etwas breiter als bei den vorher erwähnten Formen. Epimeren durch eine deutliche Furche von den Segmenten abgegrenzt. Schwanzplatte groß und breit, aber nicht so lang wie bei *Protosphaeroma ernstbrunnense*.

Abmessungen, gemessen am Wiener Exemplar: Cephalon: Länge = 1,2 mm, größte Breite = 3.5 mm. Augendistanz = 1,7 mm. Auge: Größte Länge = 0,5 mm, größte Breite = 0,3 mm. Länge des ersten Mittelleibsegmentes = 0,9 mm bis 1,0 mm.

Vergleiche: *Protosphaeroma strambergense* hat große Ähnlichkeit mit *Protosph. ernstbrunnense*. Beide sind stark gewölbte Formen, doch sind bei *Protosph. strambergense* die Augen besonders klein gegenüber der Augendistanz. Auch das Pleotelson ist bei dieser Art sehr kurz und von jenem des *Protosph. ernstbrunnense* gut zu unterscheiden.

4. *Protosphaeroma straeleni* nov. spec.
(Taf. 2, Fig. 6, Textabb. 3.)

Material: Ein Cephalonrest mit gut erhaltenen Facettenaugen.

Diagnose: Eine durch ein sehr breites Cephalon und eine größere Augendistanz charakterisierte *Protosphaeroma*-Art. Der Vorderrand des Cephalons ist mit einer breiten Leiste umsäumt.

Beschreibung: Cephalon kurz (1,0 mm) und breit (mit den beiden seitlichen Augen 5,0 mm). Die Augen sind randständig und oval, gegen außen sich verschmälernd. Am Untersuchungsmaterial sind besonders die Facetten des rechten Auges schön zu sehen. Die Augen selber sind von einer dicken Kalkschale umgeben. Der Vorderrand des Cephalons besitzt eine geschwungene breite Leiste. Die Cephalonoberfläche ist recht undeutlich gegliedert (die Kalkschale ist sehr mürbe und zum Teil abgesprungen).

Abmessungen: Cephalon: Länge = 1,6 mm, größte Breite = 5,0 mm. Auge: Größte Länge = 0,8 mm, größte Breite = 0,6 mm; Augendistanz = 3,4 mm. Das erste Mittelleibsegment fehlt.

Vergleiche: Die neue Art hat große Ähnlichkeit mit den aus dem gleichen Fundorte stammenden *Protosphaeroma*-Arten. Von *Protosphaeroma ernstbrunnense* unterscheidet sie sich durch die Form des Cephalons. Dieses ist wesentlich breiter und kürzer und außerdem durch den geschwungenen, leistenförmig eingefaßten Vorderrand ausgezeichnet. Die Augen sind bei *Protosphaeroma ernstbrunnense* größer, die Augendistanz aber kleiner. Von *Protosphaeroma jurense* unterscheidet sich die neue Art durch die größere Augendistanz (2,8 mm) und durch das kürzere Cephalon. Die Augen sind fast gleich groß. Von *Protosphaeroma strambergense* ist auch die neue Art durch eine andere Augenstellung leicht zu unterscheiden. Aber auch die rezente *Sphaeroma serrata* Fabr. hat mit den fossilen *Protosphaeroma*-Arten gewisse Ähnlichkeiten.

Die nur durch ein Cephalonexemplar nachgewiesene neue Art gehört wahrscheinlich zur Gattung *Protosphaeroma*. Einstweilen fehlt noch die Bestätigung dieser Annahme durch Fund eines dazugehörenden Abdomens.

Aufbewahrung des Holotypus: Sammlung Karl Oroszy, Wien, Nr. 2099.

Locus typicus: Steinbruch, Werk II, Ernstbrunn (Niederösterreich). Sediment: Riffkalk (weißer Ernstbrunner Kalk).

Stratum typicum: Ober-Jura (Ober-Malm).

Derivatio nominis: Zu Ehren des bekannten Crustaceen-Forschers Prof. Dr. Victor van Straelen in Brüssel.

5. *Protosphaeroma strouhali* nov. spec.
(Taf. 1, Fig. 4, Textabb. 4 u. 4 a.)

Material: Ein Cephalonrest mit guterhaltenen Facettenaugen und mit erstem Mittelleibsegment.

Die fossilen Asseln von Ernstbrunn und Stramberg. 261

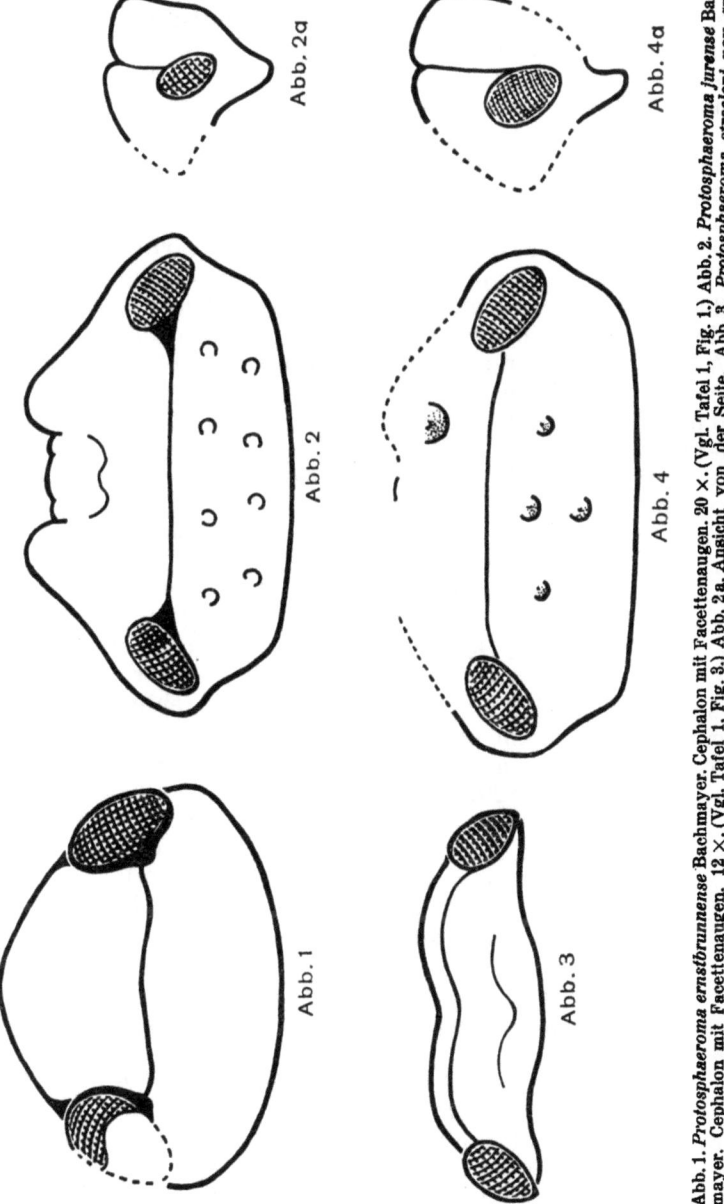

Abb. 1. *Protosphaeroma ernstbrunnense* Bachmayer. Cephalon mit Facettenaugen. 12×. (Vgl. Tafel 1, Fig. 1.) Abb. 2. *Protosphaeroma jurense* Bachmayer. Cephalon mit Facettenaugen. 20×. (Vgl. Tafel 1, Fig. 3.) Abb. 2a. Ansicht von der Seite. Abb. 3. *Protosphaeroma straeleni* nov. spec. Cephalon mit Facettenaugen. 10×. (Vgl. Tafel 2, Fig. 6.) Abb. 4. *Protosphaeroma strouhali* nov. spec. Cephalon mit Facettenaugen. 10×. (Vgl. Tafel 1, Fig. 4.) Abb. 4a. Ansicht von der Seite.

Diagnose: Die Art ist charakterisiert durch ein großes Cephalon, große Augen und eine weite Augendistanz. Das erste Mittelleibsegment ist sehr lang.

Beschreibung: Cephalon ist nicht vollständig, doch scheint es nicht sehr lang gewesen zu sein. In der mittleren Region ist zu beiden Seiten je ein kräftiger Höcker vorhanden. Die Augen sind sehr groß. Die Facetten sind recht gut zu erkennen. Augen sind oval und mit einer dicken Kalkschale eingefaßt. Die Augendistanz ist sehr groß. Der Vorderrand des Cephalons ist nicht vollständig erhalten. Die Oberfläche ist etwas netzartig. Das erste Mittelleibsegment ist sehr lang und breit, schwach gewölbt. Die Oberfläche ist mit wenigen, kräftigen Höckern besetzt, von denen zwei in der Mittellinie und je einer seitlich davon angeordnet ist.

Abmessungen: Cephalon: Länge = mehr als 2,0 mm, Breite = 7,3 mm. Auge: Größte Länge = 1,7 mm, größte Breite = 1,0 mm; Augendistanz = 3,7 mm. Länge des ersten Mittelleibsegmentes = 2,2 mm.

Vergleiche: Die neue Art ist durch die bedeutende Größe der Augen von allen anderen *Protosphaeroma*-Arten leicht zu unterscheiden. Aber auch die Augendistanz ist größer als bei den anderen Arten.

Ob dieses isolierte Cephalon in der Tat zur Gattung *Protosphaeroma* gehört, ist einstweilen nicht eindeutig zu entscheiden, denn dazu würde die Kenntnis des bislang noch unbekannten Pleotelson gehören; und nur die Gleichartigkeit der Reste unter sich spricht dafür, daß sie, ungeachtet der noch fehlenden Bestimmungsmerkmale, zu ein und derselben Gattung gehören.

Aufbewahrung des Holotypus: Sammlung Karl Oroszy, Wien, Nr. 829.

Locus typicus: Steinbruch, Werk II, Ernstbrunn (Niederösterreich). Sediment: Riffkalk (weißer Ernstbrunner Kalk).

Stratum typicum: Ober-Jura (Ober-Malm).

Derivatio nominis: Nach Univ.-Prof. Dr. Hans Strouhal, Direktor des Naturhistorischen Museums in Wien.

Gattung: *Cyclosphaeroma* Woodward.

H. Woodward 1890, Geol. Mag. dec. 3, v. 7, p. 530; 1898, ibidem dec. 4, v. 5, p. 385.

Typus: *Cyclosphaeroma trilobatum* Woodward.

Allgemeiner Umriß des Körpers: im Verhältnis 5 : 3 länger als breit. Das Cephalon ist dreilappig, gerundet bzw. etwas aufgetrieben und nimmt ein Fünftel der Gesamtlänge des Körpers ein. Die Oberfläche ist granuliert. Die Augen sind mäßig breit und mit deutlich sichtbaren Facetten ausgestattet. Die sieben **Thoracal-segmente** sind etwas breiter als das Cephalon oder das Telson. Die Epimeren sind mit einer deutlichen Linie begrenzt. **Das erste Mittelleibsegment ist mit dem Cephalon verwachsen und umgibt die Augen.** Von den Augen ziehen Wülste (Augenwülste) zur Mitte. Das Telson ist dreieckig und hat eine starke Mittelleiste. In der Länge gleicht das Telson den sieben Mittelleibssegmenten. Die Telsonoberfläche ist spärlich ornamentiert. Kräftige Tuberkeln bilden am Telsonvorderteil in der Mitte ein kleines Dreieck.

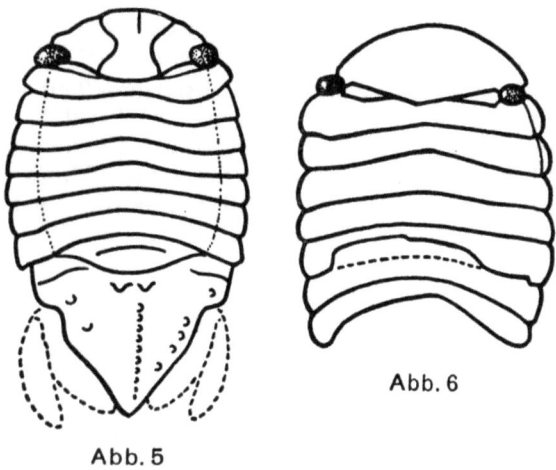

Abb. 5. Skizze von *Cyclosphaeroma woodwardi* Van Straelen. Ob.-Malm; England (nat. Gr.).

Abb. 6. Skizze von *Cyclosphaeroma uhligi* (Remeš). Pleotelson ist am Holotypus-Exemplar nicht erhalten. 2 ×.

6. *Cyclosphaeroma uhligi* (Remeš).

(Tafel 2, Fig. 7 und 8; Tafel 3, Fig. 9 und 10; Tafel 5, Fig. 13 und 14; Tafel 6, Fig. 16, Textabb. 6, 7, 7 a, 9 und 9 a.)

Palaeosphaeroma Uhligi R e m e š 1903, p. 43, fig. 1—3; p. 220, fig. 2 a bis c auf Tab. 22; 1909, p. 178, fig. 4 auf Tab. 8; S t r a e l e n 1929, p. 94; 1931, p. 51; B a c h m a y e r 1949, p. 267, 269.

M a t e r i a l : Cephalonreste: 4 Exemplare und 1 Holotypus-exemplar abgebildet bei R e m e š 1903, Tafel 22, Fig. 2 a—e, und 1909, Tafel 8, Fig. 4 (Sammlung des Geologischen Institutes der Karls-Universität in Prag). Holotypusexemplar soll sich nach Angabe bei R e m e š (1903) im Archäologisch-technologischen

Museum in Prossnitz in Mähren befinden, konnte aber nicht aufgefunden werden. Ein Gipsabguß des Holotypus befindet sich in den Sammlungen des Naturhistorischen Museums in Wien (Geologisch-paläontolog. Abteilung).

Weitere 7 Reste, zum Teil mit erstem Mittelleibsegment (an zwei Exemplaren sind auch die Facettenaugen recht gut erhalten), befinden sich in den Sammlungen des Naturhistorischen Museums, Geologisch-paläontolog. Abteilung, Coll. B a c h m a y e r.

Alle diese Reste stammen aus den Stramberger Schichten. Ein kleiner Cephalonrest, vermutlich juvenil (aus der Sammlung Karl O r o s z y, Wien), stammt aus dem Ernstbrunner Kalk des Steinbruches, Werk II, bei Ernstbrunn. Abbildung auf Tafel 3, Fig. 10.

Pereion: Ein schön erhaltener rückwärtiger Teil vom 4. Thoracalsegment bis zum Telson. Abbildung auf Tafel 5, Fig. 13, aus dem Stramberger Kalk. Ferner ist bei dem Holotypusexemplar auch der Mittelleib vorhanden. Weitere Reste von Thoracalsegmenten (10 Stücke) stammen aus dem weißen Riffkalk des Steinbruches, Werk II, bei Ernstbrunn (vgl. Taf. 5, Fig. 14, ein Thoracalsegment aus dem Ernstbrunner Kalk).

Pleotelson: Außer dem oben angeführten schönen Exemplar sind noch weitere zwei isolierte Pleotelsonreste in der Geologisch-paläontologischen Sammlung des Naturhistorischen Museums in Wien zu finden. Dem Holotypusexemplar fehlt das Pleotelson. Alle diese aufgezählten Pleotelsonreste stammen aus den Stramberger Schichten. Aus dem Ernstbrunner Kalk sind bisher 19 zum Teil recht gut erhaltene Pleotelsonreste zum Vorschein gekommen. Einige zeigen noch Reste der Schale. (Das Ernstbrunner Material befindet sich in der Sammlung Karl O r o s z y.)

Beschreibung: Körper langgestreckt, größte Wölbung in der Mitte des Pereion. Cephalon breit und gewölbt. Vorne ein dreieckiges Feld durch eine Reihe von gleichmäßigen Höckern nach hinten abgegrenzt. Von dieser Höckerreihe zieht eine mediane Reihe nach rückwärts. Weiters sind am Cephalon zwei von rückwärts nach vorne divergierende, also nach außen und nach vorne ziehende Furchen, meist nur schwach angedeutet, zu erkennen. Am Vorderteil des Kopfschildes ist ein nach abwärts gebogener, schnauzenartiger Vorsprung (Epistom) vorhanden. Die Oberfläche des Cephalons ist mit unregelmäßigen Reihen von kleinen Runzeln bedeckt.

Gegen hinten ist das Cephalon durch eine nach vorne ziehende kräftige Linie vom Pereion (Mittelleib) abgegrenzt. Die Augen sind am Hinterrand des Cephalons seitlich angeordnet und von einer dicken Kalkschale umgeben. An zwei Exemplaren kann man die Anordnung der Augenfacetten gut studieren. Das Auge selbst ist fast 9 mm lang und hat die größte Breite (3 mm) mehr gegen die Mitte des Körpers zu (vgl. Tafel 2, Fig. 7). Der nach außen

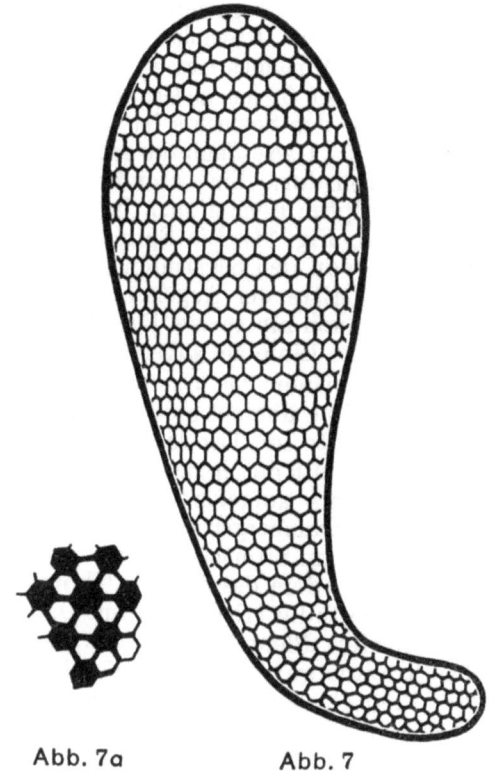

Abb. 7a.   Abb. 7

Abb. 7. Facettenauge von *Cyclosphaeroma uhligi* (Remeš). Stark schematisiert.
12 ×.
Abb. 7 a. Ein Ausschnitt davon stark vergrößert.

ziehende Teil des Auges verschmälert sich allmählich, um schließlich ganz außen in ein nach hinten und nach unten geschwungenes stumpfes (1 mm breites) Ende abzuschließen. Das Auge liegt in einer fast 0,8 mm dicken Kalkschale.

Die Facetten des Auges sind länglich-sechseckig, in Querreihen angeordnet. Am linken, gut erhaltenen Auge konnten

383 Facetten gezählt werden (vgl. Textabb. 7). Vom breiten Innenrand der Augen ziehen an beiden Seiten 2 mm dicke Augenwülste zur Mitte des Tieres, die gegen die Mitte sich verschmälern. Die beiden Augenwülste reichen nicht ganz bis zur Mittellinie, sondern enden ungefähr 6 mm von dieser entfernt.

Der Mittelleib besteht aus 7 Segmenten von annähernd gleicher Länge und Breite. Am großen Exemplar aus der Sammlung des Wiener Naturhistorischen Museums messen manche Segmente mit den anschließenden Epimeren 50 mm an Gesamtbreite und 3—4 mm an Länge. Die Oberfläche der Segmente ist mit reihenartig angeordneten Höckern bedeckt. Diese Skulptur setzt sich auch auf die etwas breiteren Epimeren fort. Ein besonders schön erhaltenes Segment mit dieser Skulptur konnte auch im Ernstbrunner Kalk gefunden werden (Taf. 5, Fig. 14). Die Epimeren sind deutlich in einer fast geraden Linie von den Segmenten getrennt. Diese Linie geht ungefähr von der Mitte der Augen aus und zieht beinahe parallel zum Seitenrand nach hinten zum Pleotelson. Nach Remeš 1909, p. 179, beginnt diese Linie am äußersten Winkel des Auges.

Das Pleotelson ist bisher von *Cyclosphaeroma uhligi* noch nicht bekannt gewesen. Eine überaus große Anzahl (18 Exemplare) von Pleotelsonresten konnte im Ober-Jura von Ernstbrunn gefunden werden; sie stimmen mit den in den Sammlungen des Wiener Naturhistorischen Museums aufgefundenen zwei isolierten Pleotelsonresten aus den Stramberger Schichten überein. Weiters konnte ein ebenfalls aus dem Stramberger Kalk stammendes Exemplar gefunden werden, an dem das 4. bis 7. Thorakalsegment und das Pleotelson fast vollständig erhalten waren. Dadurch ist die Zugehörigkeit der isolierten Pleotelsonreste aus dem Ernstbrunner Kalk und aus den Stramberger Schichten zu *Cyclosphaeroma uhligi* sichergestellt. Das Pleotelson ist mehr breit als lang. Das aus dem Ernstbrunner Fundgebiet stammende Pleotelson ist auf Tafel 6, Fig. 16, jenes aus Stramberg auf Tafel 5, Fig. 13, abgebildet. Das Schwanzschild trägt am vorderen Teil zwei kräftige Höcker. Median zieht vom vorderen Teil eine kurze Kante, die sich nach einer kleinen Unterbrechung in eine längere, zur Spitze gerichtete Leiste fortsetzt. Zu beiden Seiten ist je eine deutliche Einbuchtung zu sehen. Die Telsonspitze ist nicht so lang wie bei *Cyclosphaeroma trilobatum*, sondern mehr breit und nach aufwärts gebogen. Seitlich sind am Schwanzschild einige meist unregelmäßig angeordnete Höcker oder Warzen zu sehen. Das Schwanzschild hat an den Seitenkanten eine leistenförmige Einfassung und oberhalb der Mitte einen Ausschnitt für die Uropoden. Zum Teil ist an den Exemplaren die runzelige Schalenskulptur zu sehen.

Abmessungen (in Millimetern):

Cephalon

	Holotypus	Exemplare aus den Stramberger Schichten						Juv. Exemplar aus dem Ernstbrunner Kalk
		1	2	3	4	5	6	7	
Länge	8	>16	>17	>18	>19	>19	>21	24	1,8
Größte Breite	13	22	24	24	26	30	28	30	2,6
Auge: gr. Länge . .	4,5		9			8,5			
gr. Breite . .	2		3			3			

Thorakalsegment

	Holotypus	Stramberger Schichten	Ernstbrunner Kalk
Größte Länge	2,0 mm	3,5	3
Größte Breite	16,5	34	mehr als 18

Pleotelson

	Stramberger Schichten			Ernstbrunner Kalk				
	1	2	3	1	2	3	4	5
Länge	20	14	23	22	—	16	12	4
Breite	24	16	34	26	11	16	18	6

Vorkommen: Stramberger Kalk: Steinbruch von Kotouč bei Stramberg und Skalička (Holotypusexemplar). Ernstbrunner Kalk: Vom großen Steinbruch, Werk II, bei Ernstbrunn.

Remeš (1903 und 1909) hatte für diese Form die neue Gattung *Palaeosphaeroma* aufgestellt. Meine Untersuchungen haben aber ergeben, daß eine Abtrennung von der Gattung *Cyclosphaeroma*, die auch die Priorität hat, nicht vertretbar ist. Remeš 1909, p. 179, sagt unter anderem: „... Aus allen dem Gesagten geht hervor, daß ich bei *Palaeosphaeroma* Unterschiede finde, welche nach meiner Meinung es vorläufig nicht rechtfertigen, dasselbe dem *Cyclosphaeroma* einzuverleiben. Anderseits aber gebe ich gerne die allernächste Verwandtschaft beider zu."

Übrigens bemerkte Remeš auf der gleichen Seite: „... Durch Herrn Dr. Calman bin ich auf die Ähnlichkeit meines *Palaeosphaeroma* mit Woodwards *Cyclosphaeroma* aufmerksam gemacht worden. Ich habe nun Beschreibung und die sehr guten Abbildungen in beiden Aufsätzen Woodwards mit dem Exemplar des *Palaeosphaeroma* von Skalička genau verglichen und bin zu dem Resultate gekommen, daß die Ähnlichkeit wirklich überraschend groß ist..." Daraus ist zu entnehmen, daß Remeš die

Aufstellung der Gattung *Palaeosphaeroma* ohne Kenntnis der Gattung *Cyclosphaeroma* vorgenommen hatte. Ich glaube kaum, daß dieser Autor die Stramberger Art eigens von *Cyclosphaeroma* abgetrennt und zu einer selbständigen Gattung, *Palaeosphaeroma*, erhoben hätte, wenn ihm die Arbeiten von W o o d w a r d s vorher bekannt gewesen wären.

Die bei R e m e š 1909 auf Seite 179 angeführten Unterschiede sind höchstens für die Abtrennung einer Art ausreichend, aber für die Aufstellung einer Gattung zu geringfügig. Ich würde daher vorschlagen, die Gattung *Palaeosphaeroma* als Synonym zu *Cyclosphaeroma* zu betrachten.

7. *Cyclosphaeroma remesi* nov. spec.
(Tafel 4, Fig. 11.)

Palaeosphaeroma spec. R e m e š 1909, p. 178, fig. 5 auf Tab. 8;
Palaeosphaeroma Uhligi R e m e š 1909, p. 178, fig. 1 und 3 auf Tab. 8.

M a t e r i a l: 1 Exemplar, abgebildet bei R e m e š 1909, Fig. 5 auf Tafel 8, ein Cephalon-Holotypus. Ein weiteres Cephalonexemplar befindet sich in der Geologisch-paläontologischen Sammlung des Naturhistorischen Museums in Wien.

D i a g n o s e: Cephalon charakterisiert durch „W"-förmige, tiefe Furchen. Im hinteren Teil eine deutliche Querfurche. Cephalonoberfläche mit Höckerskulptur.

B e s c h r e i b u n g: Das Kopfschild hat stark ausgeprägte Furchen von „W"-förmiger Gestalt. Die Medianlinie ist kurz. Das Dreieck im vorderen Teil des Cephalons ist viel breiter als bei *Cyclosphaeroma uhligi*. R e m e š 1909, p. 178, hatte bereits einige dieser Unterschiede angeführt, war sich aber nicht sicher, ob diese Abweichungen auf den Erhaltungszustand zurückzuführen wären. Die Untersuchungen des neuen Materials (Cephalonreste von *Cyclosphaeroma uhligi* und *Cyclosphaeroma remesi*) haben diesen Zweifel behoben. Durch Vergleiche konnte festgestellt werden, daß sowohl das Exemplar, welches bei Remeš 1909, Fig. 5 auf Tafel 8, abgebildet ist, wie das neue Exemplar aus dem Naturhistorischen Museum in Wien einer neuen Art angehören dürften. Es könnte allerdings sein, daß wir es hier mit geschlechtlichen Unterschieden zu tun haben.

A b m e s s u n g e n: Exemplare aus den Stramberger Schichten.

	Exemplare	
	1. (Holotypus)	2.
Länge	25 mm	12 mm
Breite	36 mm	20 mm

Bemerkungen: Aller Wahrscheinlichkeit nach dürften die Exemplare (Cephalon), die bei Remeš 1909, Fig. 1 u. 3 auf Tab. 8, abgebildet sind, zu der Art *Cyclosphaeroma remesi* gehören.

Aufbewahrung des Holotypus: Sammlung des Geologischen Institutes der Karls-Universität in Prag.

Locus typicus: Steinbruch bei Kotouč bei Stramberg in Mähren. Sediment: Stramberger Kalk.

Stratum typicum: Ober-Jura (Ober-Malm).

Derivatio nominis: Nach Herrn Dr. Maurice Remeš (Olmütz), dem verdienstvollen Erforscher der Stramberger Crustaceen-Fauna.

8. *Cyclosphaeroma kettneri* nov. spec.
(Tafel 4, Fig. 12.)

Palaeosphaeroma uhligi Remeš 1909, p. 178, fig. 2 auf Tab. 8.

Material: 1 Cephalonbruchstück (abgebildet bei Remeš 1909, Tab. 8, fig. 2).

Diagnose: Eine *Cyclosphaeroma*-Art, charakterisiert durch ein schmales Cephalon und durch die mit länglichen und rundlichen, groben Höckern besetzte Cephalonoberfläche.

Beschreibung: Kopfschild ist schmal und mehr lang als breit; die „W" förmigen Furchen sind gut ausgeprägt. Die Medianlinie ist kurz und schwach entwickelt. Die Cephalonoberfläche ist mit dichtstehenden kräftigen, etwas länglichen Höckern verziert. Durch diese Oberflächenskulptur unterscheidet sie sich von *Cyclosphaeroma uhligi*, die eine runzelige Oberfläche hat, und von *Cyclosphaeroma remesi*, deren Cephalon mit wenigen kräftigen und runden Höckern besetzt ist.

Abmessungen: Länge = 12,3 mm, Breite = ungefähr 18 mm.

Aufbewahrung des Holotypus: Sammlung des Geologischen Institutes der Karls-Universität in Prag.

Locus typicus: Steinbruch von Kotouč bei Stramberg in Mähren. Sediment: Stramberger Kalk.

Stratum typicum: Ober-Jura (Ober-Malm).

Derivatio nominis: Nach Herrn Univ.-Prof. Dr. Radim Kettner, Geologisches Institut der Karls-Universität in Prag.

Cyclosphaeroma spec. ind.
(Tafel 6, Fig. 15.)

Ein recht gut erhaltenes Pleotelson-Schalenexemplar aus dem Ernstbrunner Kalk zeigt alle Einzelheiten. Dieses Pleotelson ist aber von dem vorher beschriebenen Pleotelson von der Art *Cyclosphaeroma uhligi* deutlich verschieden. Damit ist erwiesen, daß auch im Ernstbrunner Riffkalk mehr als eine *Cyclosphaeroma*-Art vorkommt. Leider ist es unmöglich, auf Grund der Gestalt und Gliederung des Schwanzschildes die Zugehörigkeit dieses Restes mit Sicherheit festzustellen.

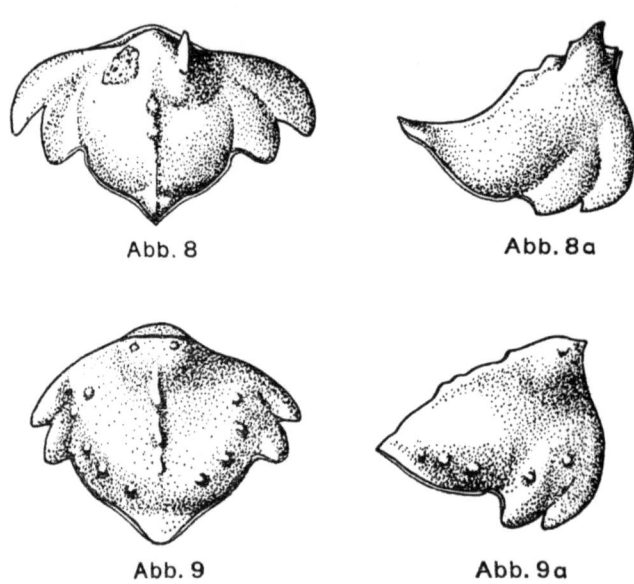

Abb. 8. Pleotelson von *Cyclosphaeroma* spec. ind. (vgl. Tafel 6, Fig. 15). Zeichnung des Exemplares aus der Sammlung K. O r o s z y, Nr. 3300, vom Steinbruch Werk II, bei Ernstbrunn. 9 ×.
Abb. 8 a. Seitenansicht.
Abb. 9. Pleotelson von *Cyclosphaeroma uhligi* (Remeš). Zeichnung des Exemplares aus der Sammlung K. O r o s z y, Nr. 2400, vom Steinbruch Werk II, bei Ernstbrunn. (Vgl. Tafel 6, Fig. 16.) 2 ×.
Abb. 9 a. Seitenansicht.

Beschreibung: Es ist ein kleines, zierliches Pleotelson, das viel breiter als lang ist. Median zieht eine kräftige Kante, welche vom ersten Drittel bis zur Telsonspitze reicht. Am vorderen Teil stehen zu beiden Seiten der Mittellinie zwei kräftige, etwas nach vorne gezogene, stachelartige Höcker. Die Spitze des Schwanzschildes ist sehr stark aufgebogen, viel stärker als bei der Art *Cyclosphaeroma uhligi*. Am Vorderteil sind seitlich die zwei lappenförmigen Fortsätze etwas nach rückwärts gezogen. Dann folgt ein Ausschnitt für die Uropoden. Gegen die Spitze zu ist eine schwache leistenförmige Einfassung zu erkennen. Die Oberfläche des Pleotelson ist glatt und hat keine runzelige Schalenskulptur, wie es das Pleotelson von *Cyclosphaeroma uhligi* hat.

Vorkommen: 7 Exemplare, die zum Teil weniger gut erhalten sind. Alle diese Stücke stammen aus dem großen Steinbruch, Werk II, bei Ernstbrunn.

Epicaridea.
Familie: **Bopyridae.**

Remeš 1923 (1921), p. 36, 37; Bachmayer 1948, p. 263—266.

Eine weitere Isopodenfamilie ist bereits sowohl aus dem Ernstbrunner Kalk als auch aus den Stramberger Schichten bekannt. Diese Isopoden sind zwar nie körperlich erhalten, sondern ihr Vorhandensein in diesen Schichten kann nur auf Grund von merkwürdigen Auftreibungen der Kiemenregionen von Galatheiden und Prosoponiden bzw. Homolodromiiden angenommen werden. Diese Art von Auftreibungen kennt man bei heute lebenden Garneelen und Galatheiden aus der Adria; sie werden von Isopoden der Familie Bopyriden, die in den Kiemen der Wirtstiere schmarotzen, verursacht.

Unter 3000 Krebsexemplaren aus dem Ernstbrunner Kalk tragen etwa 60, also 2%, derartige Auftreibungen. Dabei verteilen sich die befallenen Tiere beiläufig zu gleichen Teilen auf die beiden Familien Galatheiden und Prosoponiden bzw. Homolodromiiden. Auch im Stramberger Kalk sind, wie vorher erwähnt wurde, solche Auftreibungen zu beobachten. Zwar kommen sie dort nicht so häufig vor wie im Ernstbrunner Kalk. Sie wurden bereits von Remeš 1923 (1921) beschrieben.

IV. Bionomische und stammesgeschichtliche Bemerkungen.

Isopoden zählen zu den ständigen Bewohnern eines Korallenriffes. Im Jurameer lebten sie ähnlich den Galatheiden und Prosoponiden im Biotop des Riffkernes und der Riffhalde, wie wir heute auf Grund dieser Funde wissen. Und deshalb ist es merkwürdig, daß frühere Untersucher im Ernstbrunner Kalk keine Isopoden fanden. Erst durch die genaue Untersuchung, die mein Mitarbeiter und ich dem Ernstbrunner Kalk seit Jahren widmeten, kamen auch Isopodenfunde an das Licht. Im Jahre 1949 entdeckten wir die ersten Spuren; und in der Folgezeit konnten wir eine Aufsammlung von mehr als 40 Resten von *Protosphaeroma* und mehr als

50 Resten von *Cyclosphaeroma* zustande bringen. Die Reste sind meist sehr klein und können daher leicht übersehen werden. Durch unsere Sammeltätigkeit erwiesen sich die Kalke von Ernstbrunn als eine der reichsten Isopodenfundstellen. Aus den Stramberger Schichten sind bislang nur ganz wenige einschlägige Funde bekannt geworden, was wohl nur an der Lückenhaftigkeit der Aufsammlungen liegt.

Die Isopodenreste kommen an bestimmten Stellen des Steinbruches häufiger vor. Die Tatsache, daß immer nur Bruchteile der Panzer zu finden sind, läßt an die Möglichkeit denken, daß man es hier vielfach mit Häutungsresten zu tun hat.

In beiden Ablagerungen (Ernstbrunner Kalk und Stramberger Schichten) kommen also im gleichen Biotop 3 völlig verschiedene Formentypen von fossilen Asseln nebeneinander vor. Die schmarotzenden Asseln der Familie der Bopyriden sind bislang fossil noch niemals in körperlicher Erhaltung gefunden worden, und es ist daher nicht möglich, näher darauf einzugehen. Die parasitischen Asseln setzen erst mit dem Aufblühen ihrer Wirtstiere, den Galatheiden und Dromiaceen (*Homolodromiidae* und *Prosoponidae*), im Ober-Malm ein. Die Homolodromiiden und die Prosoponiden sind aber am Ende der Kreidezeit erloschen, während die Galatheiden noch in der Gegenwart vorkommen. Die Bopyriden sind ihren Wirtstieren, den Galatheiden, bis heute treu geblieben.

Von den beiden anderen Typen ist das kleine, zierliche *Protosphaeroma* sehr deutlich von dem großen *Cyclosphaeroma* durch die Gestalt des Cephalons, die Größe und Stellung der Augen und endlich durch die Form des Pleotelson distanziert.

Auf Grund des fossilen Isopodenmaterials, das überhaupt zu Gebote steht, kann man annehmen, daß die Gruppe nach ihrem ersten Auftreten in der Triaszeit bereits im Dogger und dann besonders im Malm eine starke Entfaltung erlebte. Zur Zeit ist aber dieses Material doch noch zu dürftig, als daß es uns gestatten könnte, die Phylogenie dieser Tiergruppe mit einiger Wahrscheinlichkeit zu rekonstruieren.

V. Zusammenfassung.

Aus dem Ober-Jura von Ernstbrunn kennt man nun 6 Isopodenarten, davon 4 aus dem Genus *Protosphaeroma* und zwei aus dem Genus *Cyclosphaeroma*. Die Stramberger Schichten lieferten bisher 4 Arten, und zwar eine *Protosphaeroma*-Art und 3 Arten von *Cyclosphaeroma*. Außer diesen sind von beiden Fundorten parasitisch lebende Asseln aus der Familie der Bopyriden bekannt.

Als besonders wertvoll erscheint mir nicht nur die Vermehrung der Zahl der Arten, sondern noch mehr jene Ergänzungen, die sich aus der morphologischen Kenntnis von *Cyclosphaeroma uhligi* (Remeš) beifügen ließen. Von dieser Spezies ist nun der ganze Körper — also Cephalon, Pereion und Pleotelson — bekannt. Darüber hinaus ist auch die Feststellung von Wichtigkeit, daß diese Spezies, die man bislang nur aus Stramberg kannte, nun auch im Ernstbrunner Riffkalk vorkommt, ein Umstand, der als Argument für die Gleichaltrigkeit der beiden Schichten in Frage kommen kann. Aber eine endgültige Klärung ist hierin nur von einem Vergleich der gesamten Fauna beider Schichtkomplexe zu erwarten.

Literaturverzeichnis.

Bachmayer, Fr. (1948): Pathogene Wucherungen bei jurassischen Dekapoden. — S. B. Österr. Akad. Wiss., math.-naturwiss. Kl., Abt. I, Bd. 157, S. 263—266, Wien.
— (1949): Zwei neue Asseln aus dem Oberjurakalk von Ernstbrunn (Niederösterreich). — S. B. Österr. Akad. Wiss., math.-naturwiss. Kl., Abt. I, Bd. 158, S. 263—270, Wien.
Bell, Th. (1863): A Monograph of the fossil malacostracous Crustacea of Great Britain. Part. II., Crustacea of the Gault and Greensand. — Palaeontographical Soc., London.
Beurlen, K. (1929): Untersuchungen über Prosoponiden. — Centralblatt Min. usw., Jahrg. 1929, Abt. B, Nr. 4.
Remeš, M. (1903): Nachträge zur Fauna von Stramberg. 3. Über Palaeosphaeroma Uhligi, eine neue Assel aus dem Tithon von Skalička. — Beitr. Pal. Geol. Österr.-Ung. v. 15, S. 43—44, Wien-Leipzig.
— (1903): Nachträge zur Fauna von Stramberg. 5. Über eine neue Assel: Sphaeroma strambergense n. sp. — Beitr. Pal. Geol. Österr.-Ung. v. 15, S. 220, Wien-Leipzig.
— (1909): Nachträge zur Fauna von Stramberg. 7. Weitere Bemerkungen über Palaeosphaeroma Uhligi und die Asseln von Stramberg. — Beitr. Pal. Geol. Österr.-Ung. v. 22, 177—180, Wien-Leipzig.
— (1923): Excroissances des crustacés du Tithonique de Stramberk. — Bull. intern. Akad. Sciences Bohème, S. 36—37.
Sars, G. O. (1899): An account of the Crustacea of Norway v. II., Isopoda, Bergen.
Straelen, V. v. (1928): Contribution à l'étude des Isopodes méso- et cénozoïques. — Mém. Acad. R. Belg. Cl. Sci., 2. ser., v. 9, S. 31.
— (1931): Fossilium Catalogus. Pars 48, Crustacea Eumalacostraca. W. Junk, Berlin.
Walz, R. (1882): Über die Familie der Bopyriden, mit besonderer Berücksichtigung der Fauna der Adria, Wien.
Woodward, H. (1890): On a new British Isopod (Cyclosphaeroma trilobatum) from the Great Oolith of Northampton. — Geol. Mag., dec. 3, v. 7, S. 530—533, London.
— (1898): On the Discovery of Cyclosphaeroma in the Purbeck Beds of Aylesbury. — Geol. Mag., dec. 4, v. 5, S. 385—388, London.

Berger W.: Die Pflanzenreste aus den unterpliozänen Congerienschichten des Laaerberges in Wien (vorläufiger Bericht), 11 Seiten. S 6.—
Ehrenberg Kurt: Beobachtungen über Lebensspuren und Nahrungsweise der Bisamratte (Fiber zibethicus L.) (mit 3 Tafeln), 21 Seiten. S 14.—
Kahler F.: Über die Bruchfestigkeit einiger Typen von Fusulinidenschalen (mit 5 Textabbildungen), 9 Seiten. S 5.—
Kamptner E.: Über das Auftreten der Codiaceen-Gattung Cayeuxia Frollo im Ober-Jura von Ernstbrunn (Niederösterreich) (mit 1 Tafel), 20 Seiten. S 15.60
Papp A.: Charophytenreste aus dem Jungtertiär Österreichs (mit 4 Tafeln und 1 Textabbildung), 14 Seiten. S 10.60
Papp A. und Mandl K.: Insekten aus den Congerienschichten des Wiener Beckens (mit 5 Textabbildungen und 2 Bildern auf einer Tafel), 7 Seiten. S 4.60
Schouppé A.: Beitrag zur Kenntnis des Baues und der Untergliederung des Rugosen-Genus Syringaxon Lindström (mit 2 Textabbildungen), 9 Seiten. S 5.—
Schouppé A.: Kritische Betrachtungen und Revision des Genusbegriffes Entelophyllum Wdk. nebst einigen Bemerkungen zu Wedekinds „Kyphophyllidae" und „Kodonophyllidae" (mit 3 Textabbildungen und 2 Tafeln), 13 Seiten. S 7.40
Schouppé A.: Kritische Betrachtungen zu den Tabulaten-Genera des Formenkreises Thammnopora-Alveolites und ihren gegenseitigen Beziehungen, 15 Seiten. S 6.40
Tauber A. F.: Tripneustes ventricosus austriacus nov. ssp., ein tropischer Seeigel aus dem Torton des Wiener Beckens (mit 1 Tafel und 4 Textabbildungen), 17 Seiten. S 7.80
Thenius E.: Anthracotherium aus dem Untermiozän der Steiermark. Beiträge zur Kenntnis der Säugetierreste des steirischen Tertiärs, VI. (mit 1 Textabbildung), 9 Seiten. S 3.80
Thenius E.: Eine neue Rekonstruktion des Höhlenbären (Ursus spelaeus Ros.) (mit 3 Tafeln), 12 Seiten. S 6.40
Zapfe H.: Dinocyon thenardi aus dem Unterpliozän von Draßburg im Burgenland (mit 9 Textabbildungen), 14 Seiten. S 7.40
Zapfe H.: Die Fauna der miozänen Spaltenfüllung von Neudorf a. d. March (ČSR): Insectivora (mit 15 Textabbildungen), 31 Seiten. S 15.—

1952 (S I Bd. 161):

Bachmayer F.: Fossile Libellenlarven aus miozänen Süßwasserablagerungen (mit 1 Tafel), 5 Seiten. S 3.60
Beier M.: Miozäne und oligozäne Insekten aus Österreich und den unmittelbar angrenzenden Gebieten (mit 2 Textabbildungen und 2 Abbildungen auf einer Tafel), 5 Seiten. S 3.90
Berger W.: Pflanzenreste aus dem miozänen Ton von Weingraben bei Draßmarkt (Mittelburgenland) (mit 15 Textabbildungen), 8 Seiten. S 3.80
Berger W. und Zabusch F.: Die Pflanzenreste aus den obermiozänen Ablagerungen der Türkenschanze in Wien (vorläufiger Bericht), 8 Seiten. S 3.30
Papp A.: Über die Verbreitung und Entwicklung von Clithon (Vittoclithon) pictus (Neritidae) und einiger Arten der Gattung Pirenella (Cerithidae) im Miozän Österreichs (mit 1 Textabbildung und 3 Tafeln), 24 Seiten. S 11.80
Thenius E.: Die Boviden des steirischen Tertiärs. Beiträge zur Kenntnis der Säugetierreste des steirischen Tertiärs, VII. (mit 11 Textabbildungen), 31 Seiten. S 13.10
Weinfurter E.: Otolithen aus miozänen Brack- und Süßwasserschichten des Lavanttales in Kärnten (mit 1 Tafel), 7 Seiten. S 3.20
Weinfurter E.: Die Otolithen aus dem Torton (Miozän) von Mühldorf in Kärnten (mit 1 Textabbildung und 2 Tafeln), 23 Seiten. S 11.80
Weinfurter E.: Die Otolithen der Wetzelsdorfer Schichten und des Florianer Tegels (Miozän, Steiermark) (mit 5 Tafeln), 43 Seiten. S 19.—

1953 (S I Bd. 162):

Bachmayer F.: Die Myriopodenreste aus der altplistozänen Spaltenfüllung von Hundsheim bei Deutsch-Altenburg, Niederösterreich (mit 1 Tafel). S 3.60
Berger W.: Pflanzenreste aus dem miozänen Ton von Weingraben bei Draßmarkt, Mittelburgenland II. (mit 21 Textabbildungen). S 4.60
Berger W.: Die obermiozäne (sarmatische) Flora von Gabbro (Monti Livornesi) in der Toskana. S 5.—
Bernhauser A.: Über Mycelitis ossifragus Roux. Auftreten und Formen im Tertiär des Wiener Beckens (mit 6 Textabbildungen). S 7.20
Papp A. und Küpper K.: Die Foraminiferenfauna von Guttaring und Klein St. Paul (Kärnten). I. Über Globotruncanen südlich Pemberger bei Klein St. Paul (mit 2 Tafeln). S 10.—
Papp A. und Küpper K.: Holothurienreste aus dem Torton des Wiener Beckens (mit 1 Tafel). S 3.—
Papp A. und Küpper K.: Die Foraminiferenfauna von Guttaring und Klein St. Paul (Kärnten). II. Orbitoiden aus Sandsteinen vom Pemberger bei Klein St. Paul (mit 4 Tafeln). S 13.60
Papp A. und Küpper K.: Über Stolonen von Auxiliarkammern bei Orbitoides und Lepidorbitoides (mit 1 Tafel). S 4.—
Papp A. und Küpper K.: Die Foraminiferenfauna von Guttaring und Klein St. Paul (Kärnten). III. Foraminiferen aus dem Campan von Silberegg (mit 3 Tafeln). S 11.30
Sieber R.: Eozäne und oligozäne Makrofaunen Österreichs. S 8.50

MIX
Papier aus verantwortungsvollen Quellen
Paper from responsible sources
FSC® C105338

If you have any concerns about our products,
you can contact us on
ProductSafety@springernature.com

In case Publisher is established outside the EU,
the EU authorized representative is:
**Springer Nature Customer Service Center GmbH
Europaplatz 3, 69115 Heidelberg, Germany**

Printed by Libri Plureos GmbH
in Hamburg, Germany